엄마·아빠가 우선 꼭 ᄇ
(다람쥐 쳇바퀴 같은 삶)

황중환 글·그림

또 열심히
입사시험 준비해서
안정된 직장에
취직했고…

여우 같은 애인과
뜨거운 열애 끝에
결혼을 하고…

얼마뒤,
자신을 닮은
2세를 낳고…

더욱 힘내서
열심히 직장을
다니고…

아이는 어느새
자라, 학교를
다니고…

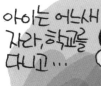

어렵사리
집장만 하고…

대출금 갚고…
가족들 먹여 살리느라
어린시절 꿈은 잊은지
오래…

우주
비행사
되야하나

성실하고 고분고분한
직장인으로 열심히
생활하던 어느날…

아빠?

?

공부를 꼭
해야 돼요?

그럼!! 열심히
공부해서 좋은 대학 가고
좋은 직장
들어가야지!

그…그렇게 하면
부자가 되는
건가요?

그럼!

세계에서 손꼽히는 부자이자 천재 투자자로 유명한 워렌 버핏은 무엇을 하던 그 기본만큼은 완벽하게 배워야 한다고 강조했습니다. 어려서부터 남달리 숫자를 좋아해서 할아버지의 식료품 가게에서 장사를 도우며 자연스럽게 돈에 대한 지식을 쌓았던 워렌 버핏은 이러한 기본기를 바탕으로 하는 수학적 사고 능력을 기를 수 있었고, 이것이 그의 성공 비결이 되었습니다. 고액권을 이용한 머니수학 3과정으로 재미있게 경제 학습을 하며 이러한 수학적 사고 능력을 키워 주세요.

학교에서 가르쳐 주지 않는 ─

머니 수학

– 지폐 세기 ②
– 5000원, 10000원으로 물건값 계산하기

3과정

기초부터 탄탄하게 ─
G 기탄출판

선진국에서는 필수인 어린이 경제 교육-
'돈'을 알아야 올바른 경제관념이 형성됩니다!

요즘 아이들은 어려서부터 수학, 국어, 영어와 같은 교과 학습을 많이 시작합니다. 그러나 정작 실생활에 가장 필요한 돈을 세고 물건값을 계산하는 학습은 이루어지지 않고 있습니다. 필요성은 알면서도 구체적으로 어떻게 가르쳐야 할지 막막할 뿐만 아니라, 시중에서 관련 교재를 찾아보기도 힘들기 때문입니다. 어릴 때부터 경제관념을 제대로 심어 줄 수 있도록, 돈과 관련된 경제 학습을 시키면서 중요하게 생각해야 되는 몇 가지 Tip을 알려 드립니다.

Tip1
돈과 관련된 경제 학습을 해야 하는 이유는 무엇인가요?

어릴 때부터 돈과 관련된 경제 학습을 통하여 경제 교육을 받고 자란 아이는 성인이 되어 직업을 가지고 경제 활동을 할 때에도 바른 경제관념을 가지고 합리적으로 생활할 수 있습니다.

Tip2
아이들에게 경제관념을 심어 주는 방법에는 무엇이 있나요?

용돈을 스스로 관리하고, 돈을 쓴 내용을 스스로 적고, 계획적으로 저축하는 습관 등이 있습니다. 그러나 가장 중요한 것은 인내하는 습관을 길러 주는 것입니다. 즉 원하는 것을 얻기 위해선 그에 상응한 대가가 필요하다는 것을 일깨워 주는 것입니다.

Tip3
경제 학습은 언제부터 가능할까요?

경제 관련 교육 전문가들은 보통 동전과 지폐의 차이, 돈의 액수를 구분할 수 있는 4~5세부터 시작하면 좋다고들 이야기 합니다.

선진국의 조기 경제 교육, 대한민국 자녀들에게도 필요합니다!

선진국에서는 이미 성공적인 인생을 위해 가장 중요한 교육의 하나로 경제 교육에 중점을 두고 많은 투자를 하고 있습니다. 장기적인 경기 침체, 신용 불량자 및 실업자 증가 문제 등 다양한 경제 문제가 대두되고 있는 지금, 대한민국의 미래를 이끌어갈 어린이들의 경제 교육은 반드시 필요합니다.

"머니 수학"과 함께 어린 시절부터 올바른 경제관념을 확립하여 대한민국, 나아가 세계 경제를 이끌어갈 유능한 인재로 자라나길 바랍니다.

이 책의 구성과 특징

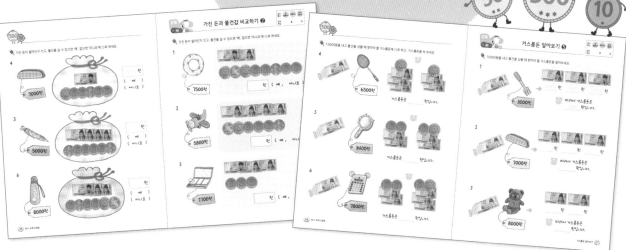

★ 성취도 테스트

성취도 테스트는 본문에서 학습한 내용을 최종적으로 한번 더 확인해 보는 문제들로 구성되어 있습니다. 성취도 테스트를 풀어본 후, 본 교재를 어느 정도 습득했는지를 확인하여 다음 단계로 나아갈 수 있는 능력을 길렀는지의 여부를 판단하는 자료로 활용합니다.

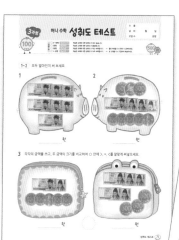

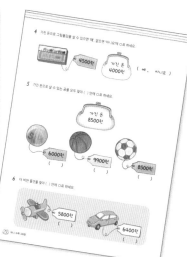

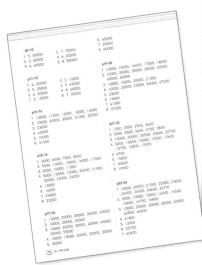

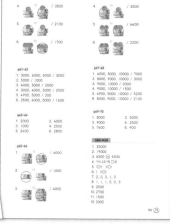

★ 정답

채점이 편리하도록 한눈에 보기 쉽게 정답을 모아 수록하였습니다.

차례
contents

돈 세기

같은 돈 세기 ⸺⸺⸺⸺⸺⸺⸺⸺⸺⸺⸺ 9

섞인 돈 세기 ⸺⸺⸺⸺⸺⸺⸺⸺⸺⸺⸺ 13

비교하기

금액 비교하기 ⸺⸺⸺⸺⸺⸺⸺⸺⸺⸺⸺ 27

가진 돈과 물건값 비교하기 ⸺⸺⸺⸺⸺⸺ 33

물건값 비교하기 ⸺⸺⸺⸺⸺⸺⸺⸺⸺⸺ 45

거스름돈 알아보기

최소한의 개수로 주어진 금액 만들기 ⸺⸺⸺ 51

거스름돈 알아보기 ⸺⸺⸺⸺⸺⸺⸺⸺⸺ 59

성취도 테스트 ⸺⸺⸺⸺⸺⸺⸺⸺⸺⸺⸺ 71

정답 ⸺⸺⸺⸺⸺⸺⸺⸺⸺⸺⸺⸺⸺⸺ 75

같은 돈 세기 ❶

우리나라의 지폐

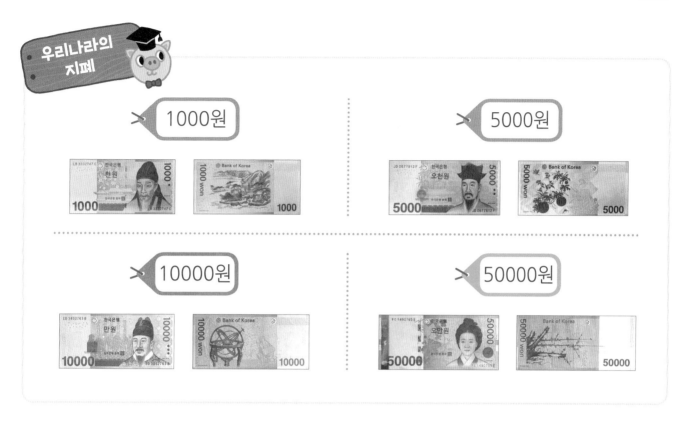

✏️ 몇 장이 있고, 모두 얼마인지 써 보세요.

1

5 장, 50000 원

2

___ 장, ___ 원

몇 장이 있고, 모두 얼마인지 써 보세요.

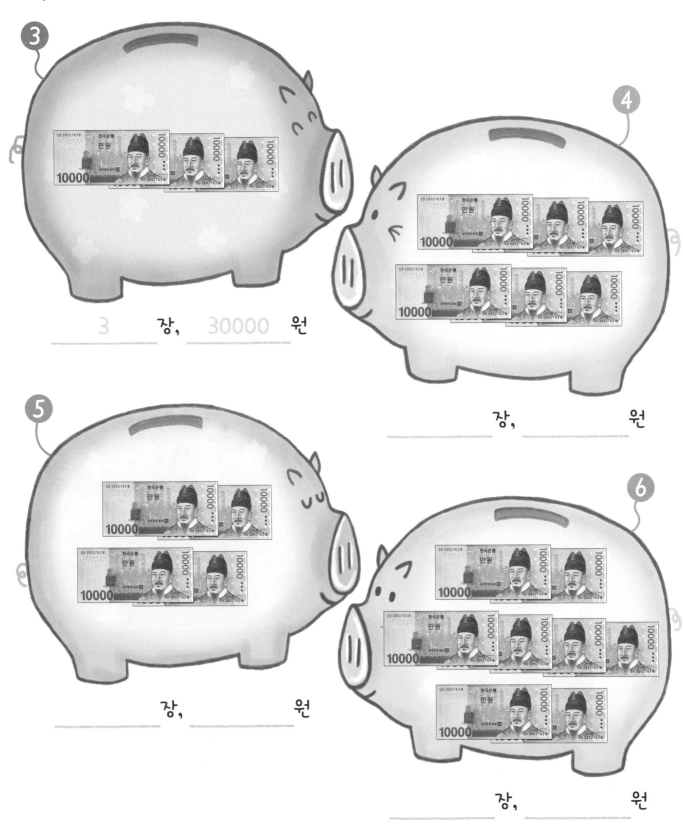

③ ___3___ 장, ___30000___ 원

④ _____ 장, _____ 원

⑤ _____ 장, _____ 원

⑥ _____ 장, _____ 원

같은 돈 세기 ❷

 몇 장이 있고, 모두 얼마인지 써 보세요.

1

<u> 4 </u> 장, <u> 20000 </u> 원

2

<u>   </u> 장, <u>   </u> 원

3

<u>   </u> 장, <u>   </u> 원

4

<u>   </u> 장, <u>   </u> 원

몇 장이 있고, 모두 얼마인지 써 보세요.

6 장, 30000 원

___ 장, ___ 원

___ 장, ___ 원

___ 장, ___ 원

섞인 돈 세기 ❶

  =

  =

 얼마인지 세어 가며 써 보세요.

1

10000 원　11000 원　12000 원　13000 원　14000 원

2

　　　원　　　　원　　　　원　　　　원　　　　원

 모두 얼마인지 써 보세요.

③

23000 원

④

원

⑤

원

⑥

원

섞인 돈 세기 ❷

 얼마인지 세어 가며 써 보세요.

1

_____ 원　　_____ 원　　_____ 원　　_____ 원

2

_____ 원　　_____ 원　　_____ 원　　_____ 원　　_____ 원

3

_____ 원　　_____ 원　　_____ 원

4

_____ 원　　_____ 원　　_____ 원　　_____ 원　　_____ 원

_____ 원　　_____ 원　　_____ 원

 모두 얼마인지 써 보세요.

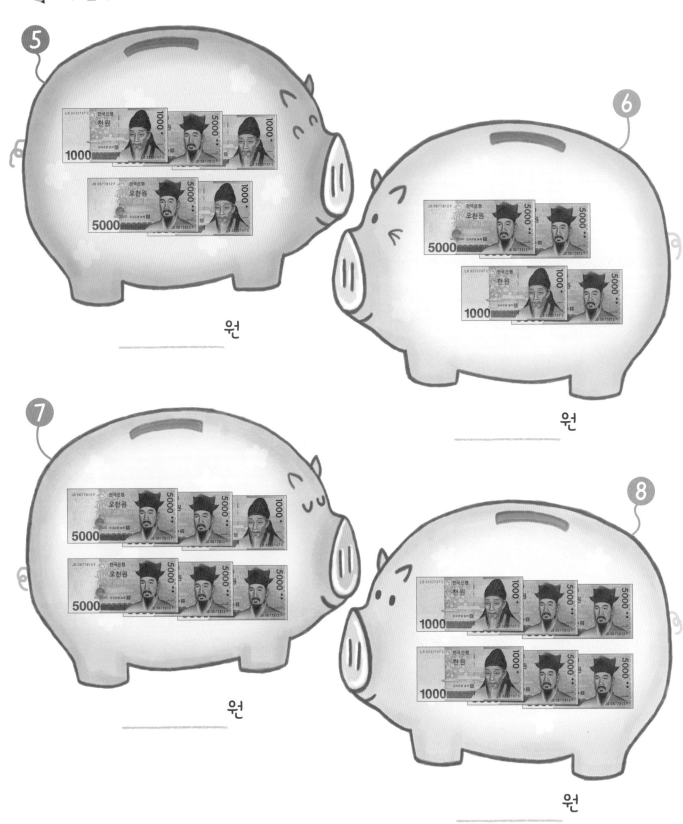

5

원

6

원

7

원

8

원

섞인 돈 세기 ❸

 얼마인지 세어 가며 써 보세요.

1

_____ 원   _____ 원   _____ 원   _____ 원   _____ 원

2

_____ 원   _____ 원   _____ 원

3

_____ 원   _____ 원   _____ 원   _____ 원   _____ 원

_____ 원   _____ 원

4

_____ 원   _____ 원   _____ 원   _____ 원   _____ 원

모두 얼마인지 써 보세요.

5

원 _____

6

원 _____

7

원 _____

8

원 _____

섞인 돈 세기 ❹

 얼마인지 세어 가며 써 보세요.

1

　　　원　　　　　원　　　　　원　　　　　원　　　　　원

2

　　　원　　　　　원　　　　　원　　　　　원　　　　　원

　　　원　　　　　원

3

　　　원　　　　　원　　　　　원　　　　　원

4

　　　원　　　　　원　　　　　원　　　　　원　　　　　원

모두 얼마인지 써 보세요.

5 _____ 원

6 _____ 원

7 _____ 원

8 _____ 원

섞인 돈 세기 ❺

 얼마인지 세어 가며 써 보세요.

1

　　　　원　　　　원　　　　원　　　　원

2

　　　원　　　　원　　　　원　　　　원　　　　원

3

　　　원　　　　원　　　　원　　　　원　　　　원

4

　　　원　　　　원　　　　원　　　　원　　　　원

　　　원　　　　원　　　　원

✏️ 모두 얼마인지 써 보세요.

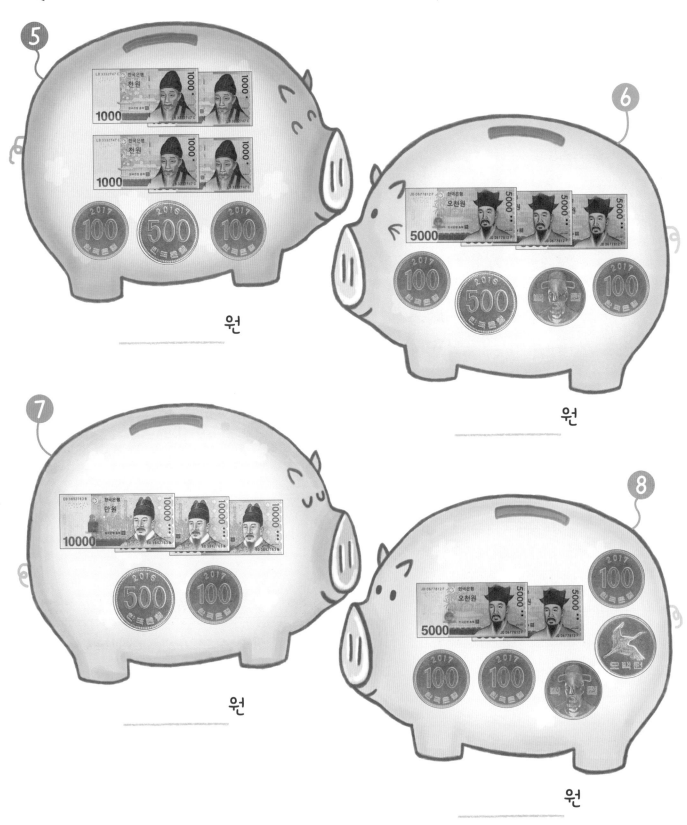

5 _____ 원

6 _____ 원

7 _____ 원

8 _____ 원

 얼마인지 세어 가며 써 보세요.

1

　　　　원　　　　　　원　　　　　　원　　　　　　원　　　　　　원

　　　　원　　　　　　원　　　　　　원　　　　　　원

2

　　　　원　　　　　　원　　　　　　원　　　　　　원　　　　　　원

　　　　원　　　　　　원　　　　　　원

3

　　　　원　　　　　　원　　　　　　원　　　　　　원　　　　　　원

　　　　원　　　　　　원

모두 얼마인지 써 보세요.

4

_____ 원

5

_____ 원

6

_____ 원

7

_____ 원

섞인 돈 세기 ❼

얼마인지 세어 가며 써 보세요.

1

____원 ____원 ____원 ____원 ____원

____원 ____원 ____원

2

____원 ____원 ____원 ____원 ____원

____원 ____원 ____원 ____원 ____원

3

____원 ____원 ____원 ____원 ____원

____원 ____원 ____원 ____원

모두 얼마인지 써 보세요.

④

원

⑤

원

⑥

원

⑦

원

금액 비교하기 ❶

 각각의 금액을 쓰고, 두 금액의 크기를 비교하여 ○ 안에 >, =, <를 알맞게 써넣으세요.

1

2500 원   =   2500 원

2

_____ 원   ◯   _____ 원

3

_____ 원   ◯   _____ 원

각각의 금액을 쓰고, 두 금액의 크기를 비교하여 ○ 안에 >, =, <를 알맞게 써넣으세요.

④
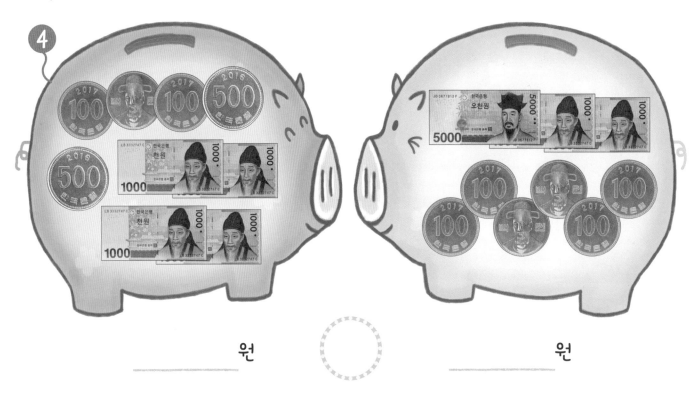

_____ 원   ○   _____ 원

⑤
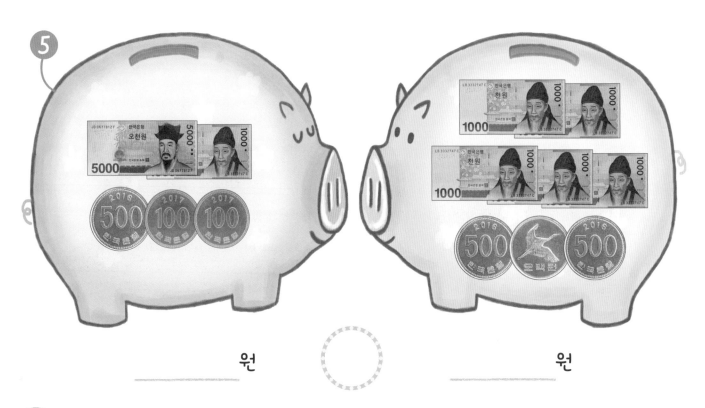

_____ 원   ○   _____ 원

금액 비교하기 ❷

 각각의 금액을 쓰고, 두 금액의 크기를 비교하여 ○ 안에 ＞, ＝, ＜를 알맞게 써넣으세요.

1

_____ 원　　_____ 원

2

_____ 원　　_____ 원

3

_____ 원　　　　_____ 원

각각의 금액을 쓰고, 두 금액의 크기를 비교하여 ○ 안에 >, =, <를 알맞게 써넣으세요.

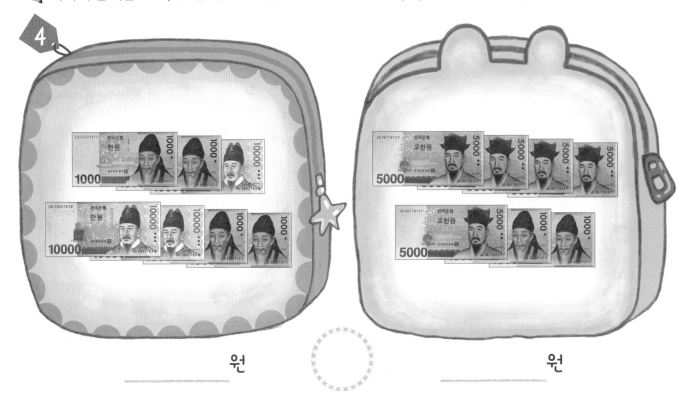

_____ 원 ( ) _____ 원

_____ 원 ( ) _____ 원

금액 비교하기 ❸

 두 금액의 크기를 비교하여 ○ 안에 >, <를 알맞게 써넣으세요.

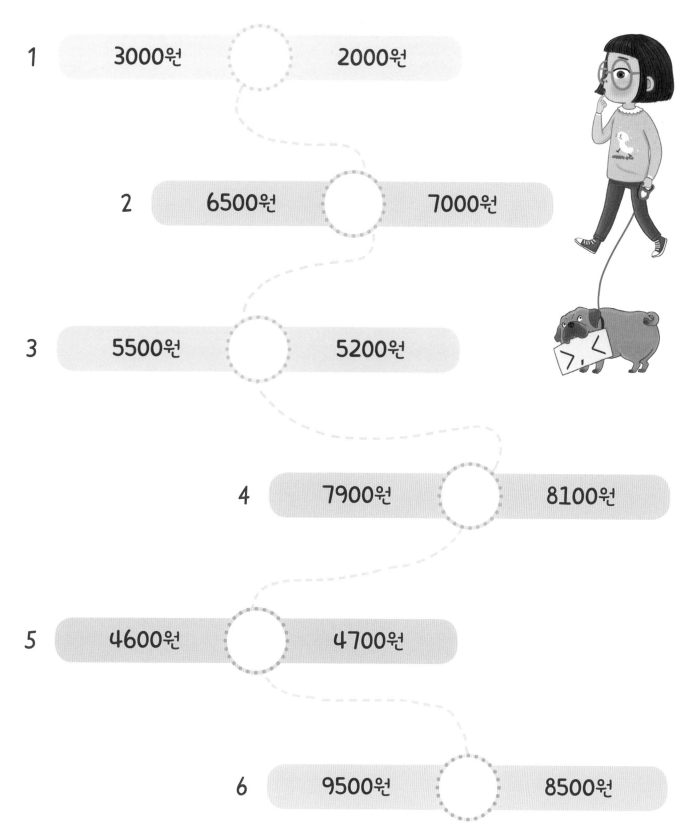

1   3000원 ○ 2000원

2   6500원 ○ 7000원

3   5500원 ○ 5200원

4   7900원 ○ 8100원

5   4600원 ○ 4700원

6   9500원 ○ 8500원

두 금액의 크기를 비교하여 ○ 안에 >, <를 알맞게 써넣으세요.

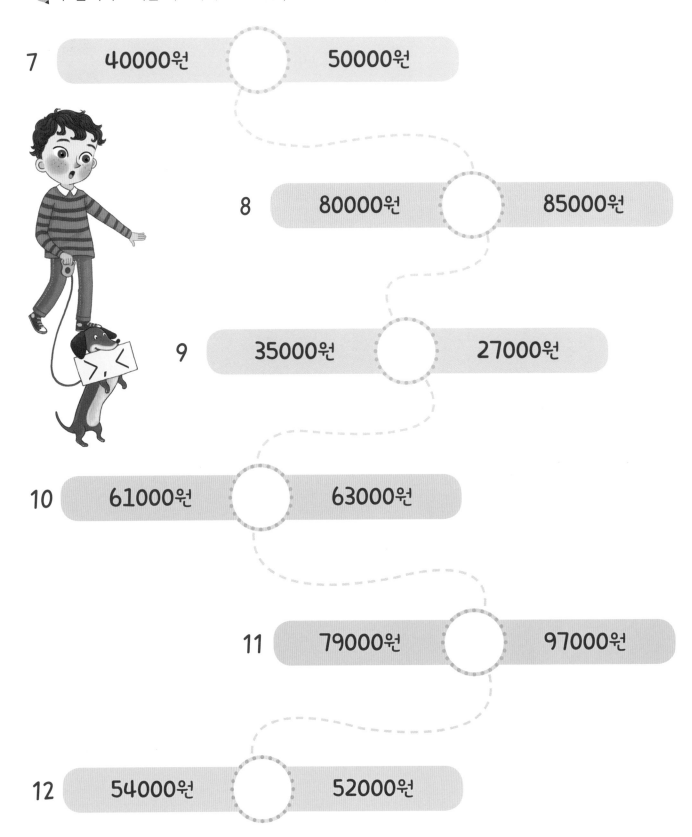

7 40000원 ○ 50000원

8 80000원 ○ 85000원

9 35000원 ○ 27000원

10 61000원 ○ 63000원

11 79000원 ○ 97000원

12 54000원 ○ 52000원

가진 돈과 물건값 비교하기 ❶

 가진 돈이 얼마인지 쓰고, 물건을 살 수 있으면 '예', 없으면 '아니요'에 ○표 하세요.

1

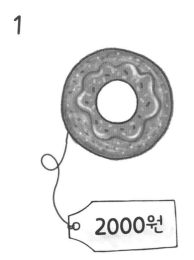

2000원

3000 원　（ 예,　아니요 ）

2

9000원

　　　원　（ 예,　아니요 ）

3

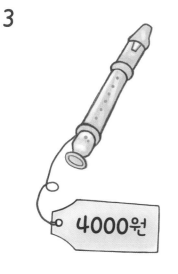

4000원

　　　원　（ 예,　아니요 ）

가진 돈이 얼마인지 쓰고, 물건을 살 수 있으면 '예', 없으면 '아니요'에 ○표 하세요.

4

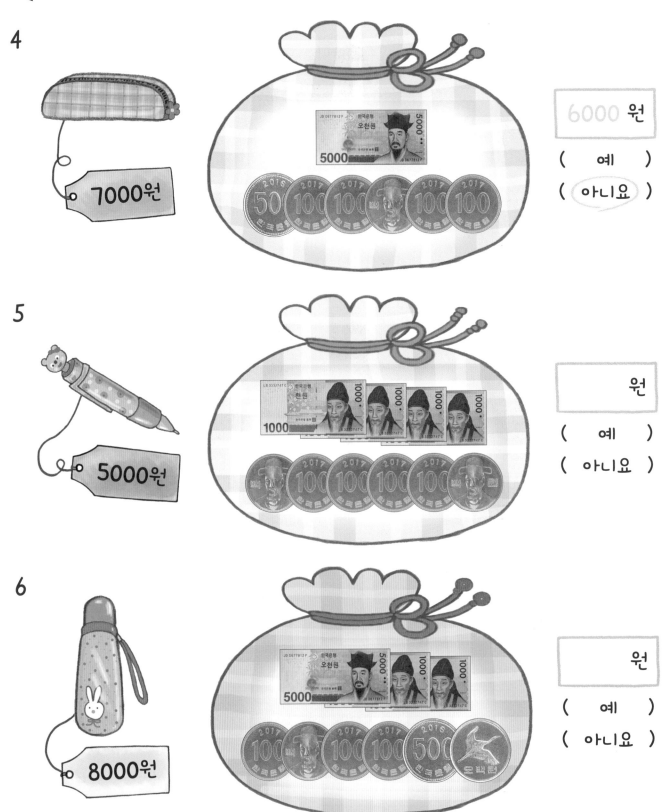

6000 원

(예)

(아니요)

5

원

(예)

(아니요)

6

원

(예)

(아니요)

가진 돈과 물건값 비교하기 ❷

 가진 돈이 얼마인지 쓰고, 물건을 살 수 있으면 '예', 없으면 '아니요'에 ○표 하세요.

1

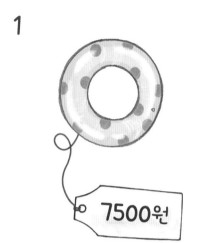

7500원

☐ 원 (예 , 아니요)

2

5800원

☐ 원 (예 , 아니요)

3

7700원

☐ 원 (예 , 아니요)

가진 돈이 얼마인지 쓰고, 물건을 살 수 있으면 '예', 없으면 '아니요'에 ○표 하세요.

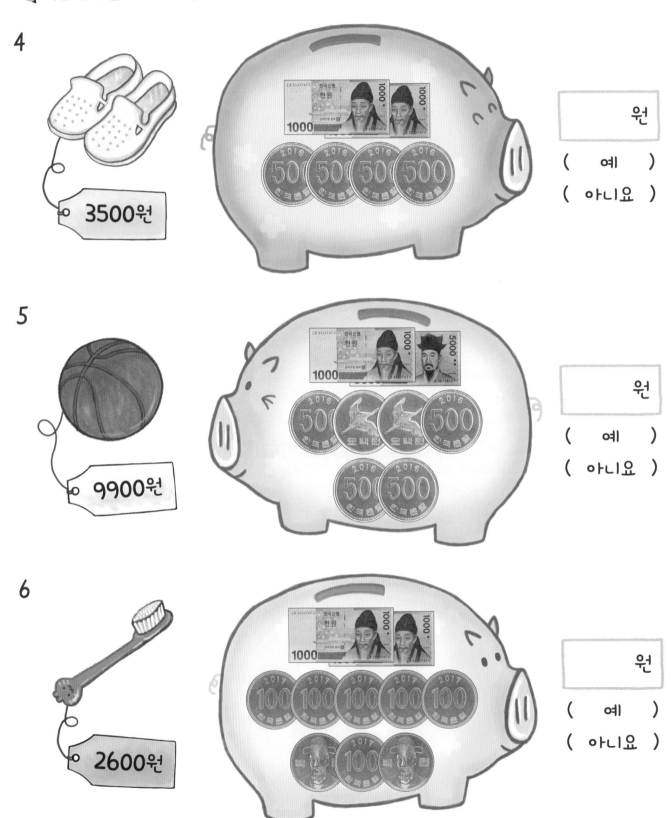

4

3500원

_____ 원

(예)

(아니요)

5

9900원

_____ 원

(예)

(아니요)

6

2600원

_____ 원

(예)

(아니요)

가진 돈과 물건값 비교하기 ❸

엄마 확인 : 참 잘했어요 / 잘했어요 / 좀 더 열심히

공부 한날 :   월   일

 가진 돈으로 물건을 살 수 있으면 '예', 없으면 '아니요'에 ○표 하세요.

1

9000원   가진 돈 8200원   (예 ,   아니요)

2

5500원   가진 돈 6000원   (예 ,   아니요)

3

4200원   가진 돈 4900원   (예 ,   아니요)

가진 돈으로 물건을 살 수 있으면 '예', 없으면 '아니요'에 ○표 하세요.

4

(예 , 아니요)

5

(예 , 아니요)

6

(예 , 아니요)

가진 돈과 물건값 비교하기 ❹

1 가진 돈이 얼마인지 쓰고, 살 수 있는 신발주머니를 모두 찾아 ( ) 안에 ○표 하세요.

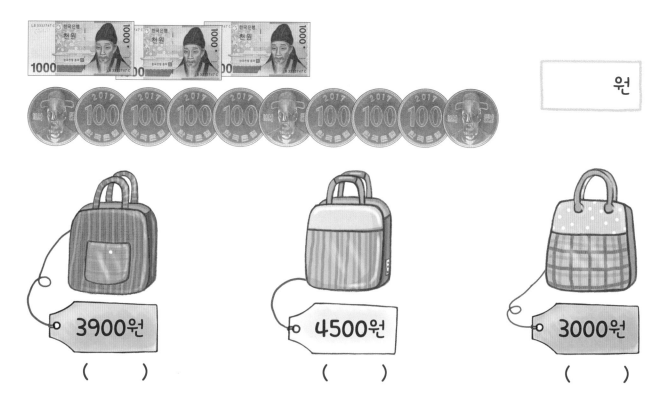

3900원 ( )   4500원 ( )   3000원 ( )

□ 원

2 가진 돈이 얼마인지 쓰고, 살 수 있는 필통을 모두 찾아 ( ) 안에 ○표 하세요.

□ 원

6500원 ( )   8000원 ( )   7600원 ( )

3 가진 돈이 얼마인지 쓰고, 살 수 있는 악기를 모두 찾아 ( ) 안에 ○표 하세요.

원

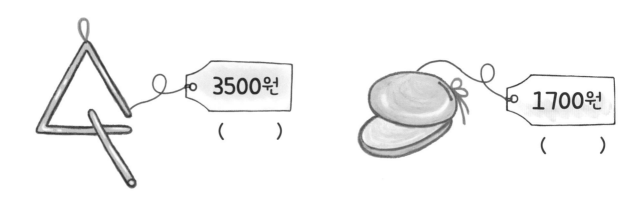

3500원
( )

1700원
( )

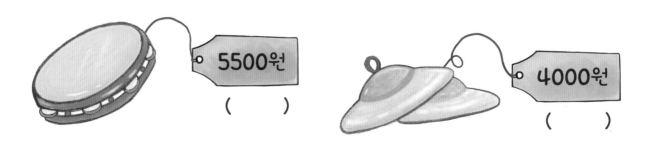

5500원
( )

4000원
( )

1 가진 돈이 얼마인지 쓰고, 살 수 있는 크레파스를 모두 찾아 ( ) 안에 ○표 하세요.

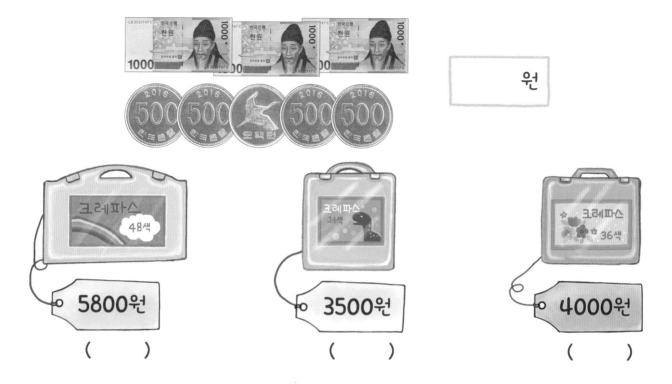

크레파스 48색 5800원 (　　)

크레파스 24색 3500원 (　　)

크레파스 36색 4000원 (　　)

2 가진 돈이 얼마인지 쓰고, 살 수 있는 사인펜을 모두 찾아 ( ) 안에 ○표 하세요.

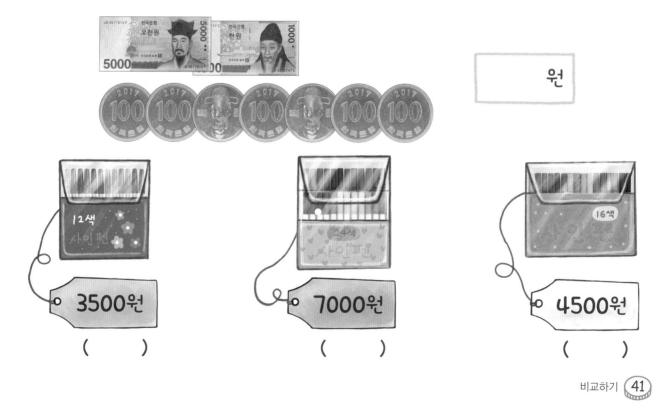

12색 사인펜 3500원 (　　)

24색 사인펜 7000원 (　　)

16색 사인펜 4500원 (　　)

3 가진 돈이 얼마인지 쓰고, 살 수 있는 운동 기구를 모두 찾아 ( ) 안에 ○표 하세요.

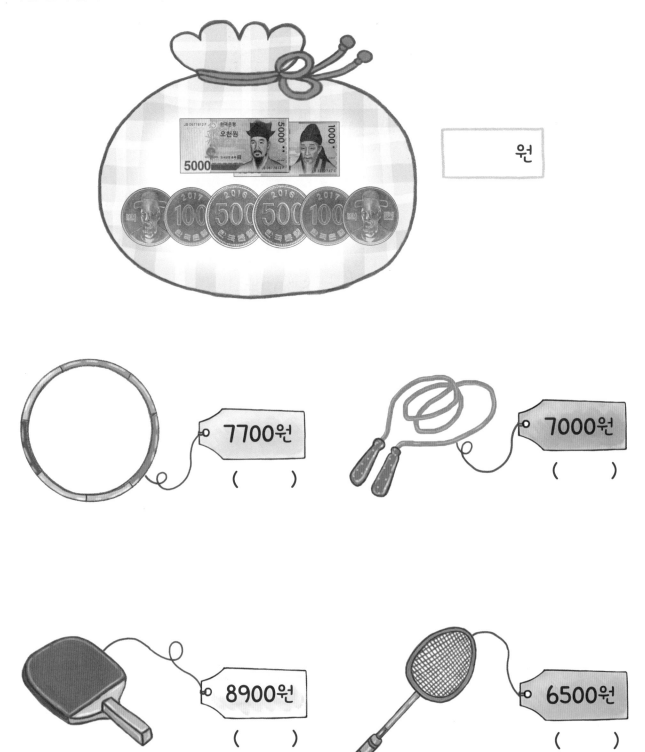

원

7700원
(   )

7000원
(   )

8900원
(   )

6500원
(   )

1 가진 돈으로 살 수 있는 샤프를 모두 찾아 ( ) 안에 ○표 하세요.

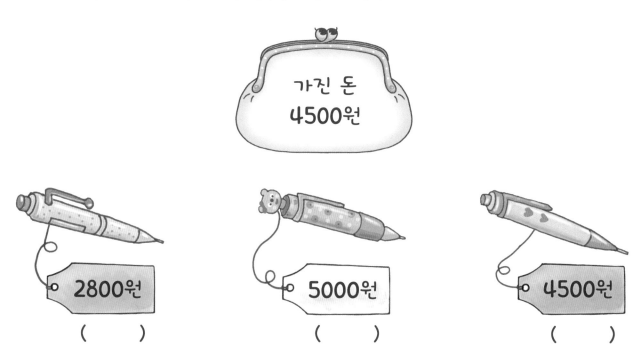

가진 돈
4500원

2800원
(   )

5000원
(   )

4500원
(   )

2 가진 돈으로 살 수 있는 그림물감을 모두 찾아 ( ) 안에 ○표 하세요.

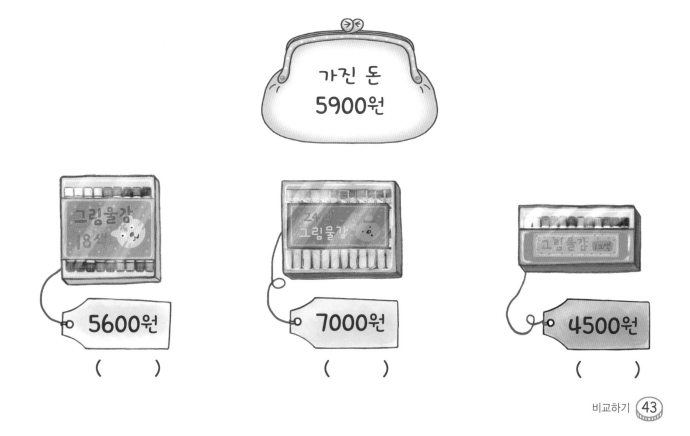

가진 돈
5900원

5600원
(   )

7000원
(   )

4500원
(   )

3 가진 돈으로 살 수 있는 장난감을 모두 찾아 ( ) 안에 ○표 하세요.

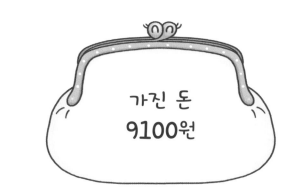

가진 돈
9100원

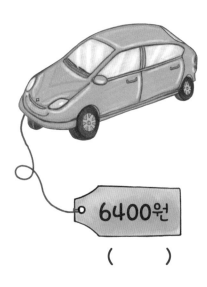

6400원

( )

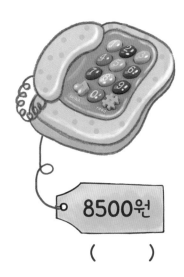

8500원

( )

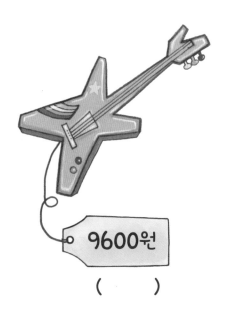

9600원

( )

7000원

( )

물건값 비교하기 ❶

엄마 확인 : 참 잘했어요 / 잘했어요 / 좀 더 열심히

공부 한날 : 월 일

 더 비싼 물건의 ( ) 안에 ○표 하세요.

1

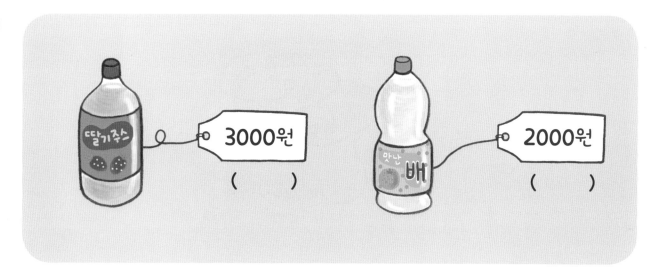

3000원
( )

2000원
( )

2

6000원
( )

7000원
( )

3

8000원
( )

9000원
( )

4 주어진 물건보다 더 비싼 물건을 모두 찾아 ( ) 안에 ○표 하세요.

5000원

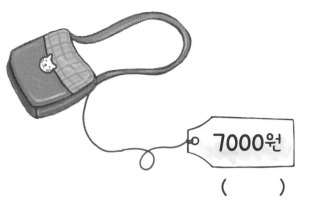

7000원

( )

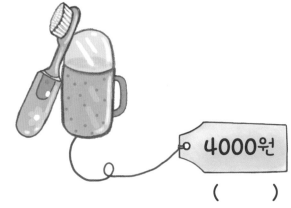

4000원

( )

6000원

( )

8000원

( )

물건값 비교하기 ❷

 더 비싼 물건의 ( ) 안에 ○표 하세요.

1

4500원 ( )   3500원 ( )

2

2700원 ( )   2800원 ( )

3

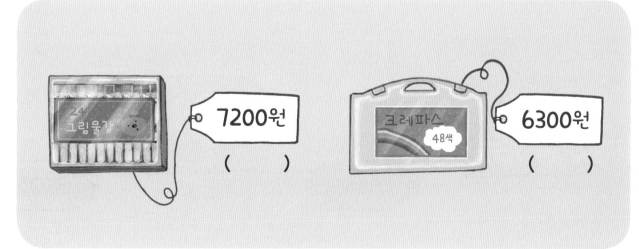

7200원 ( )   6300원 ( )

4 주어진 물건보다 더 비싼 물건을 모두 찾아 ( ) 안에 ○표 하세요.

6500원

7400원

( )

4800원

( )

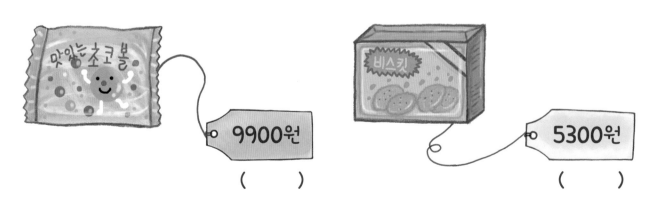

9900원

( )

5300원

( )

물건값 비교하기 ❸

 더 비싼 물건의 ( ) 안에 ○표 하세요.

1

3000원
( )

4000원
( )

2

5500원
( )

4500원
( )

3

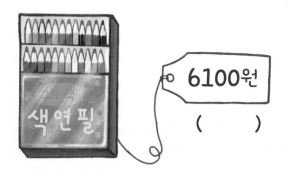

6100원
( )

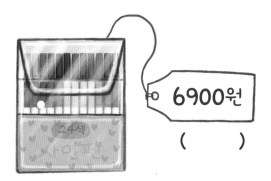

6900원
( )

4 주어진 물건보다 더 비싼 물건을 모두 찾아 ( ) 안에 ○표 하세요.

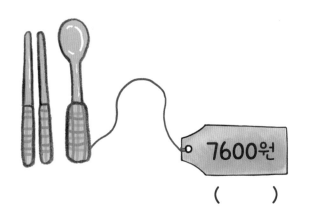

( )

( )

( )

( )

최소한의 개수로 주어진 금액 만들기 ❶

 지폐와 동전을 가장 적게 사용하여 주어진 금액을 만들어 보세요.

1

1000원

1 장
0 개
0 개
0 개
0 개

2

3000원

장
개
개
개
개

3

4000원

장
개
개
개

4

2000원

장
개
개
개

지폐와 동전을 가장 적게 사용하여 주어진 금액을 만들어 보세요.

5

5000원

1 장

0 장

0 개

0 개

0 개

0 개

6

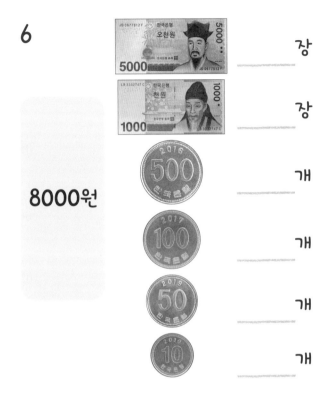

8000원

___ 장

___ 장

___ 개

___ 개

___ 개

___ 개

7

7000원

___ 장

___ 장

___ 개

___ 개

___ 개

___ 개

8

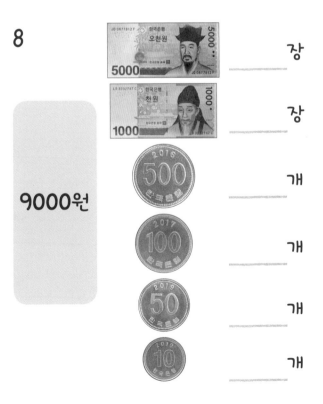

9000원

___ 장

___ 장

___ 개

___ 개

___ 개

___ 개

  지폐와 동전을 가장 적게 사용하여 주어진 금액을 만들어 보세요.

1

2500원

장

개

개

개

개

2

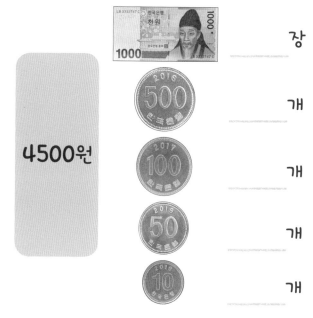

4500원

장

개

개

개

개

3

1500원

장

개

개

개

개

4

3500원

장

개

개

개

지폐와 동전을 가장 적게 사용하여 주어진 금액을 만들어 보세요.

5

7500원

_____ 장

_____ 장

_____ 개

_____ 개

_____ 개

_____ 개

6

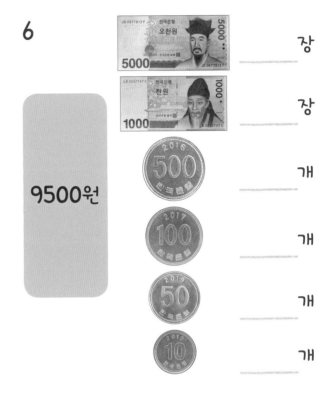

9500원

_____ 장

_____ 장

_____ 개

_____ 개

_____ 개

_____ 개

7

6500원

_____ 장

_____ 장

_____ 개

_____ 개

_____ 개

_____ 개

8

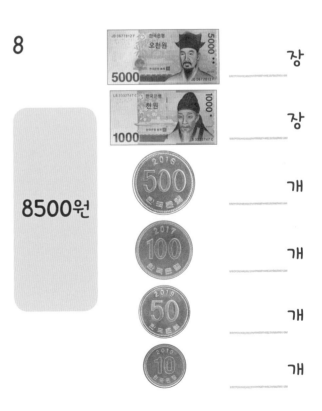

8500원

_____ 장

_____ 장

_____ 개

_____ 개

_____ 개

_____ 개

 지폐와 동전을 가장 적게 사용하여 주어진 금액을 만들어 보세요.

1

3200원

_____ 장

_____ 개

_____ 개

_____ 개

_____ 개

2

1300원

_____ 장

_____ 개

_____ 개

_____ 개

_____ 개

3

2600원

_____ 장

_____ 개

_____ 개

_____ 개

_____ 개

4

4800원

_____ 장

_____ 개

_____ 개

_____ 개

_____ 개

지폐와 동전을 가장 적게 사용하여 주어진 금액을 만들어 보세요.

5

6100원

장

장

개

개

개

개

6

7400원

장

장

개

개

개

개

7

9700원

장

장

개

개

개

개

8

5900원

장

장

개

개

개

개

 지폐와 동전을 가장 적게 사용하여 주어진 금액을 만들어 보세요.

1

4040원

장

개

개

개

개

2

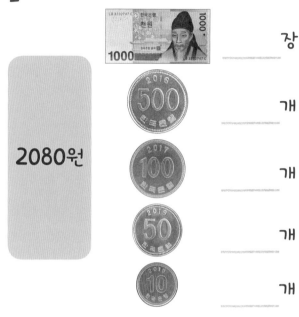

2080원

장

개

개

개

개

3

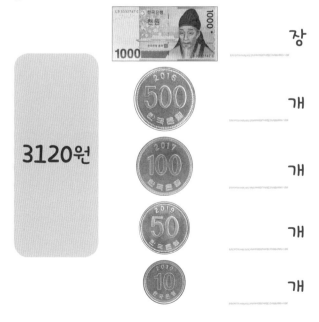

3120원

장

개

개

개

개

4

4530원

장

개

개

개

개

지폐와 동전을 가장 적게 사용하여 주어진 금액을 만들어 보세요.

5

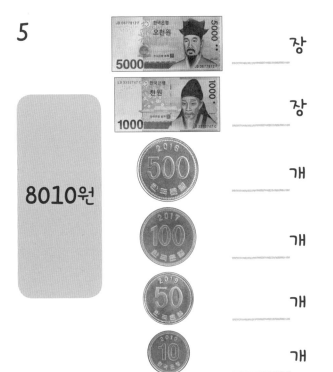

8010원

_____ 장

_____ 장

_____ 개

_____ 개

_____ 개

_____ 개

6

6060원

_____ 장

_____ 장

_____ 개

_____ 개

_____ 개

_____ 개

7

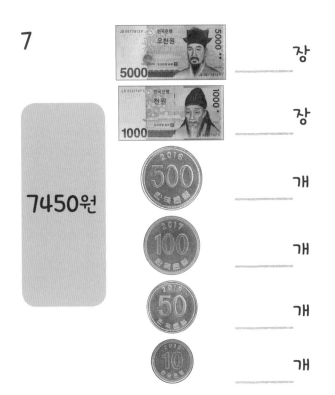

7450원

_____ 장

_____ 장

_____ 개

_____ 개

_____ 개

_____ 개

8

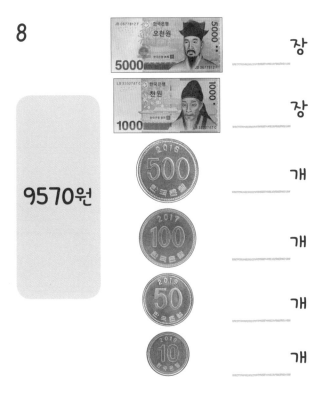

9570원

_____ 장

_____ 장

_____ 개

_____ 개

_____ 개

_____ 개

거스름돈 알아보기 ❶

 5000원을 내고 물건을 샀을 때 받아야 할 거스름돈에 ○표 하고, 거스름돈을 써 보세요.

1

 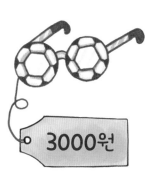

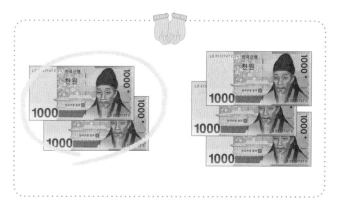

거스름돈은   2000   원입니다.

2

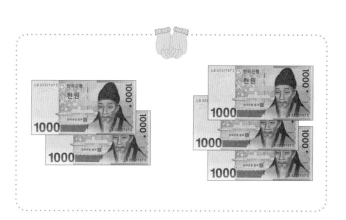

거스름돈은   원입니다.

3

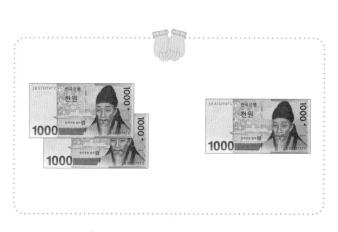

거스름돈은   원입니다.

5000원을 내고 물건을 샀을 때 받아야 할 거스름돈에 ○표 하고, 거스름돈을 써 보세요.

4

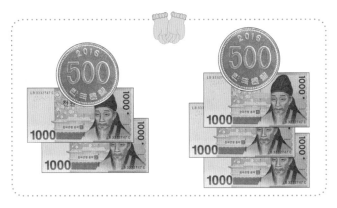

거스름돈은 　　　　　원입니다.

5

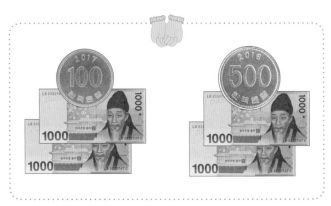

거스름돈은 　　　　　원입니다.

6

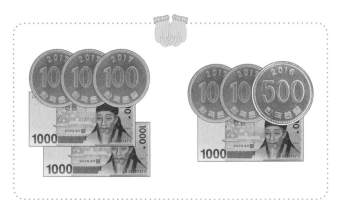

거스름돈은 　　　　　원입니다.

거스름돈 알아보기 ❷

 5000원을 내고 물건을 샀을 때 받아야 할 거스름돈을 알아보세요.

1

거스름돈

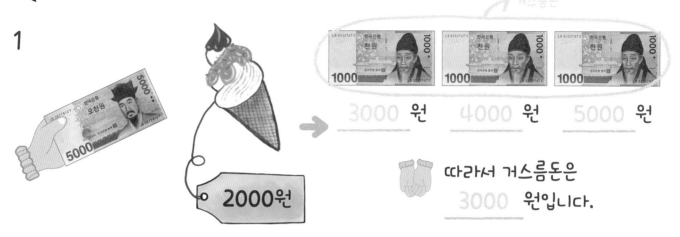

3000 원   4000 원   5000 원

따라서 거스름돈은
3000 원입니다.

2

원

따라서 거스름돈은
원입니다.

3

원   원

따라서 거스름돈은
원입니다.

 5000원을 내고 물건을 샀을 때 받아야 할 거스름돈을 알아보세요.

4

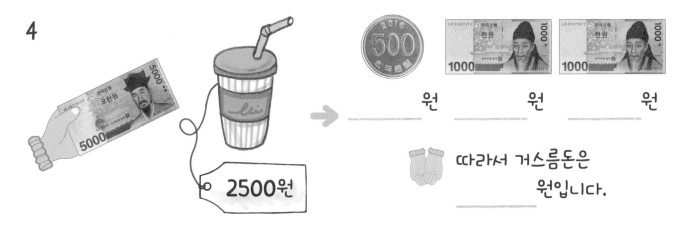

_____ 원   _____ 원   _____ 원

따라서 거스름돈은
_____ 원입니다.

5

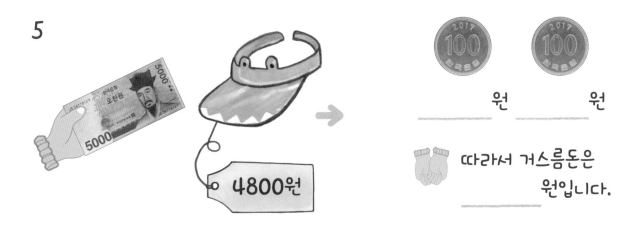

_____ 원   _____ 원

따라서 거스름돈은
_____ 원입니다.

6

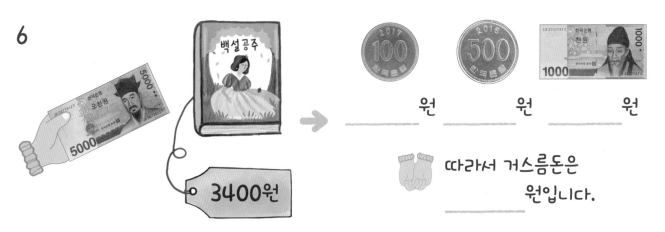

_____ 원   _____ 원   _____ 원

따라서 거스름돈은
_____ 원입니다.

거스름돈 알아보기 ❸

 5000원을 내고 물건을 샀을 때 받아야 할 거스름돈을 써 보세요.

1

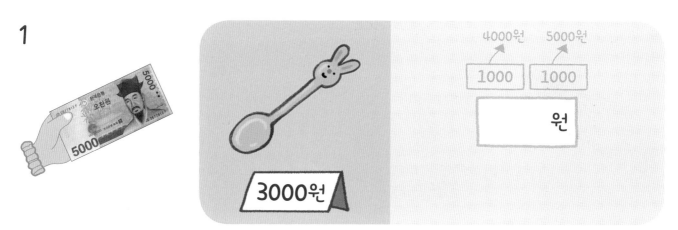

4000원   5000원

1000   1000

원

3000원

2

원

1000원

3

원

4000원

 5000원을 내고 물건을 샀을 때 받아야 할 거스름돈을 써 보세요.

4

2500원

☐ 원

5

1600원

☐ 원

6

2200원

☐ 원

거스름돈 알아보기 ❹

엄마 확인 :	참 잘했어요	잘했어요	좀 더 열심히
공부 한날 :		월	일

 10000원을 내고 물건을 샀을 때 받아야 할 거스름돈에 ○표 하고, 거스름돈을 써 보세요.

1

4000원

거스름돈은 6000 원입니다.

2

9000원

거스름돈은 _____ 원입니다.

3

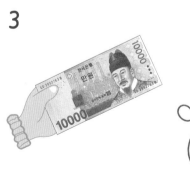 

6000원

거스름돈은 _____ 원입니다.

10000원을 내고 물건을 샀을 때 받아야 할 거스름돈에 ○표 하고, 거스름돈을 써 보세요.

4

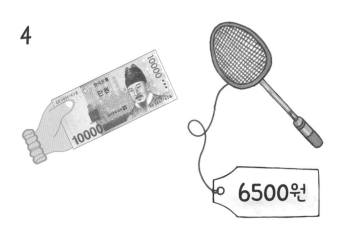

거스름돈은   원입니다.

5

거스름돈은   원입니다.

6

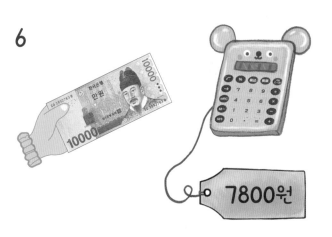

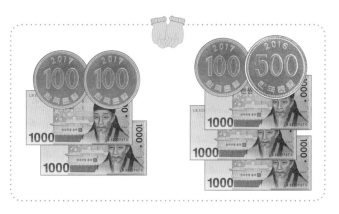

거스름돈은   원입니다.

엄마 확인 :	참 잘했어요	잘했어요	좀 더 열심히
공부 한날 :		월	일

 10000원을 내고 물건을 샀을 때 받아야 할 거스름돈을 알아보세요.

1

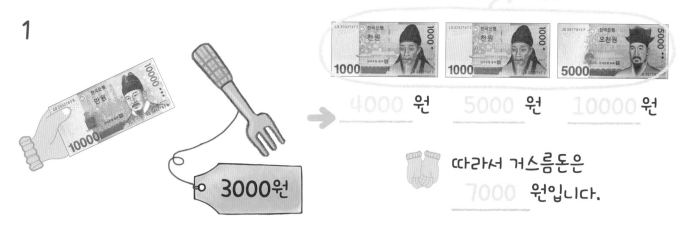

3000원

4000 원   5000 원   10000 원

따라서 거스름돈은
7000 원입니다.

2

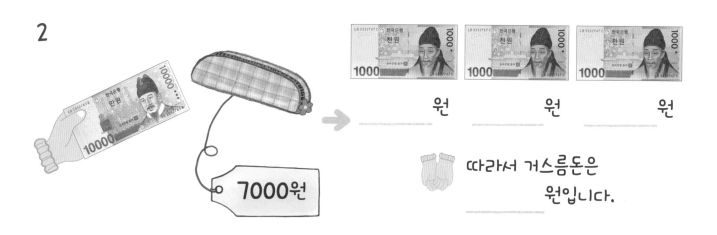

7000원

_____ 원   _____ 원   _____ 원

따라서 거스름돈은
원입니다.

3

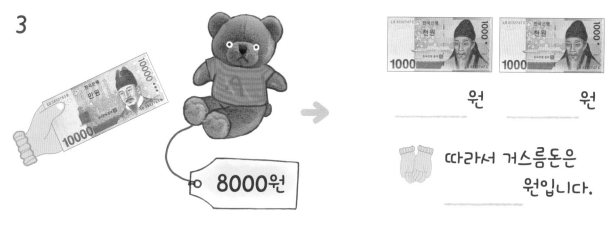

8000원

_____ 원   _____ 원

따라서 거스름돈은
원입니다.

10000원을 내고 물건을 샀을 때 받아야 할 거스름돈을 알아보세요.

4

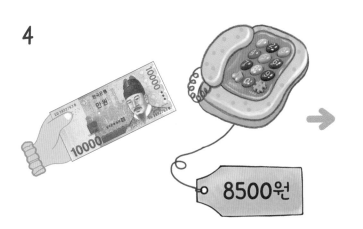

_____ 원 _____ 원

따라서 거스름돈은
_____ 원입니다.

5

_____ 원 _____ 원 _____ 원

따라서 거스름돈은
_____ 원입니다.

6

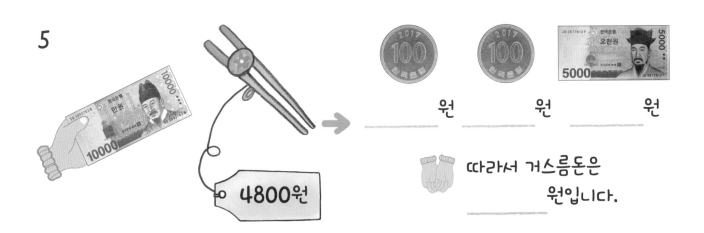

_____ 원 _____ 원 _____ 원

따라서 거스름돈은
_____ 원입니다.

거스름돈 알아보기 ❻

 10000원을 내고 물건을 샀을 때 받아야 할 거스름돈을 써 보세요.

1

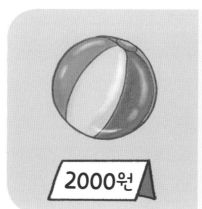

2000원

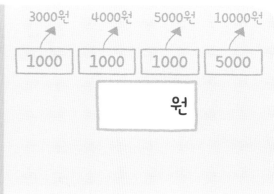

3000원 4000원 5000원 10000원

| 1000 | 1000 | 1000 | 5000 |

[   ] 원

2

14 색 색연필

5000원

[   ] 원

3

목공용풀

1000원

[   ] 원

 10000원을 내고 물건을 샀을 때 받아야 할 거스름돈을 써 보세요.

4

7500원

원

5

2400원

원

6

9100원

원

머니 수학 **성취도 테스트**

이 름 :

날 짜 :　　　월　　　일

오답 수 :　　　　　문항

오답수		
□ 0~1문항	A등급(매우 잘함)	학습한 교재에 대한 성취도가 매우 높습니다.
□ 2문항	B등급(잘함)	학습한 교재에 대한 성취도가 충분합니다.
□ 3문항	C등급(보통)	학습한 교재에 대한 성취도가 약간 부족합니다. → 틀린 부분을 다시 한번 더 공부하세요.
□ 4~문항	D등급(부족)	학습한 교재에 대한 성취도가 아주 부족합니다. → 본 교재를 다시 구입하여 복습하세요.

1~2 모두 얼마인지 써 보세요.

1

2

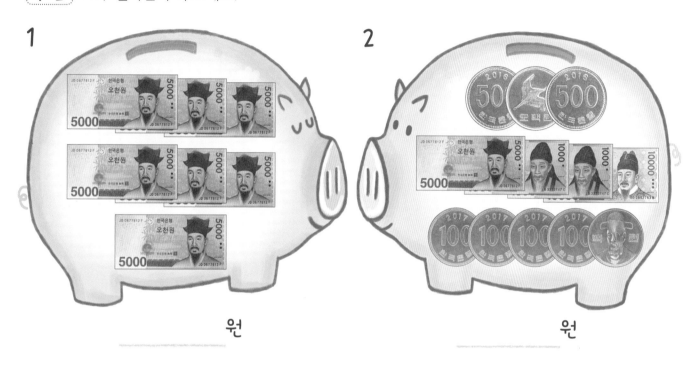

원

원

---

3 각각의 금액을 쓰고, 두 금액의 크기를 비교하여 ○ 안에 >, =, <를 알맞게 써넣으세요.

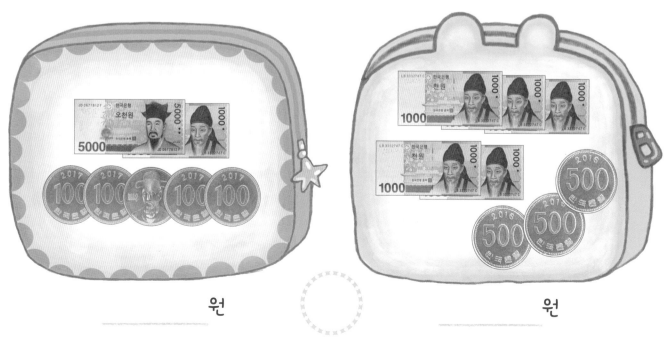

원

원

4 가진 돈으로 그림물감을 살 수 있으면 '예', 없으면 '아니요'에 ○표 하세요.

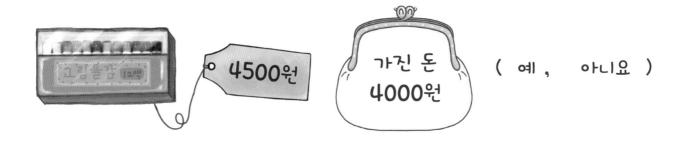

(예 , 아니요)

5 가진 돈으로 살 수 있는 공을 모두 찾아 ( ) 안에 ○표 하세요.

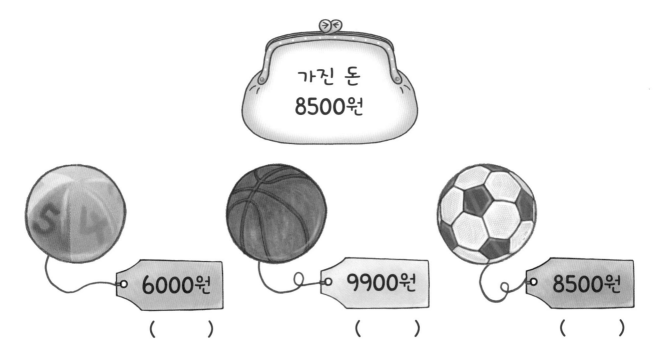

6 더 비싼 물건을 찾아 ( ) 안에 ○표 하세요.

지폐와 동전을 가장 적게 사용하여 주어진 금액을 만들어 보세요.

7

2350원

1000 ___ 장

500 ___ 개

100 ___ 개

50 ___ 개

10 ___ 개

8

6530원

5000 ___ 장

1000 ___ 장

500 ___ 개

100 ___ 개

50 ___ 개

10 ___ 개

9~10 5000원을 내고 물건을 샀을 때 받아야 할 거스름돈을 써 보세요.

9

3000원

___ 원

10

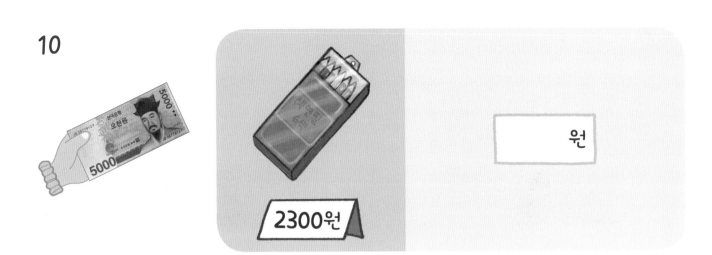

2300원

□ 원

11~12 10000원을 내고 물건을 샀을 때 받아야 할 거스름돈을 써 보세요.

11

8500원

□ 원

12

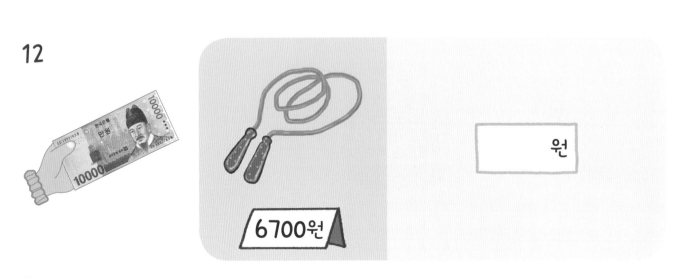

6700원

□ 원

정답

학교에서 가르쳐 주지 않는

머니 수학

3과정

기탄출판

1. 5, 50000
2. 7, 70000
3. 3, 30000
4. 6, 60000
5. 4, 40000
6. 8, 80000

1. 4, 20000
2. 2, 10000
3. 5, 25000
4. 9, 45000
5. 6, 30000
6. 8, 40000
7. 3, 15000
8. 7, 35000

1. 10000, 11000, 12000, 13000, 14000
2. 10000, 20000, 30000, 31000, 32000
3. 23000
4. 42000
5. 15000
6. 31000

1. 5000, 6000, 7000, 8000
2. 5000, 10000, 15000, 16000, 17000
3. 5000, 10000, 11000
4. 5000, 10000, 15000, 20000, 21000, 22000, 23000, 24000
5. 13000
6. 16000
7. 26000
8. 22000

1. 10000, 20000, 30000, 35000, 40000
2. 10000, 20000, 25000
3. 10000, 20000, 30000, 40000, 45000, 50000, 55000
4. 10000, 15000, 20000, 25000, 30000
5. 35000

6. 45000
7. 20000
8. 40000

1. 10000, 15000, 16000, 17000, 18000
2. 10000, 20000, 30000, 35000, 40000, 45000, 46000
3. 10000, 15000, 20000, 21000
4. 10000, 20000, 25000, 26000, 27000
5. 23000
6. 16000
7. 41000
8. 37000

1. 1000, 2000, 2500, 2600
2. 5000, 5500, 5600, 5700, 5800
3. 10000, 20000, 20500, 20600, 20700
4. 5000, 10000, 15000, 15500, 15600, 15700, 15800, 15900
5. 4700
6. 15800
7. 30600
8. 10900

1. 10000, 20000, 21000, 22000, 23000, 24000, 24500, 24600, 24700
2. 5000, 10000, 15000, 16000, 16500, 16600, 16700, 16800
3. 10000, 20000, 30000, 35000, 40000, 40500, 40600
4. 41800
5. 12900
6. 25700
7. 40600

p25~26

1. 10000, 15000, 20000, 25000, 26000, 26500, 26600, 26700
2. 10000, 20000, 25000, 30000, 31000, 32000, 32500, 32600, 32700, 32800
3. 10000, 20000, 30000, 35000, 36000, 37000, 38000, 38500, 38600
4. 36600
5. 22800
6. 41700
7. 28900

p27~28

1. 2500 ⊜ 2500
2. 3700 ⧀ 4100
3. 8500 ⧁ 8400
4. 5300 ⧀ 7600
5. 6700 ⧁ 6500

p29~30

1. 50000 ⧁ 40000
2. 30000 ⧀ 40000
3. 35000 ⊜ 35000
4. 34000 ⧁ 27000
5. 51000 ⧀ 52000

p31~32

1. >   2. <
3. >   4. <
5. <   6. >
7. <   8. <
9. >   10. <
11. <   12. >

p33~34

1. 3000, '예'에 ○표
2. 8800, '아니요'에 ○표
3. 4500, '예'에 ○표

4. 6000, '아니요'에 ○표
5. 4600, '아니요'에 ○표
6. 8400, '예'에 ○표

p35~36

1. 8000, '예'에 ○표
2. 5400, '아니요'에 ○표
3. 7300, '아니요'에 ○표
4. 4000, '예'에 ○표
5. 9000, '아니요'에 ○표
6. 2800, '예'에 ○표

p37~38

1. '아니요'에 ○표
2. '예'에 ○표
3. '예'에 ○표
4. '아니요'에 ○표
5. '예'에 ○표
6. '예'에 ○표

p39~40

1. 4000 / (○)( )(○)
2. 8000 / (○)(○)(○)
3. 5000 / (○)(○)
         ( )(○)

p41~42

1. 5500 / ( )(○)(○)
2. 6700 / (○)( )(○)
3. 7400 / ( )(○)
         ( )(○)

p43~44

1. (○)( )(○)
2. (○)( )(○)
3. (○)(○)
   ( )(○)

1. (O)( )
2. ( )(O)
3. ( )(O)
4. (O)( )
   (O)(O)

1. (O)( )
2. ( )(O)
3. (O)( )
4. (O)( )
   (O)( )

1. ( )(O)
2. (O)( )
3. ( )(O)
4. (O)( )
   ( )(O)

1. 1, 0, 0, 0, 0
2. 3, 0, 0, 0, 0
3. 4, 0, 0, 0, 0
4. 2, 0, 0, 0, 0
5. 1, 0, 0, 0, 0, 0
6. 1, 3, 0, 0, 0, 0
7. 1, 2, 0, 0, 0, 0
8. 1, 4, 0, 0, 0, 0

1. 2, 1, 0, 0, 0
2. 4, 1, 0, 0, 0
3. 1, 1, 0, 0, 0
4. 3, 1, 0, 0, 0

5. 1, 2, 1, 0, 0, 0
6. 1, 4, 1, 0, 0, 0
7. 1, 1, 1, 0, 0, 0
8. 1, 3, 1, 0, 0, 0

1. 3, 0, 2, 0, 0
2. 1, 0, 3, 0, 0
3. 2, 1, 1, 0, 0
4. 4, 1, 3, 0, 0
5. 1, 1, 0, 1, 0, 0
6. 1, 2, 0, 4, 0, 0
7. 1, 4, 1, 2, 0, 0
8. 1, 0, 1, 4, 0, 0

1. 4, 0, 0, 0, 4
2. 2, 0, 0, 1, 3
3. 3, 0, 1, 0, 2
4. 4, 1, 0, 0, 3
5. 1, 3, 0, 0, 0, 1
6. 1, 1, 0, 0, 1, 1
7. 1, 2, 0, 4, 1, 0
8. 1, 4, 1, 0, 1, 2

1. / 2000

2. / 3000

3. / 1000

4.  / 3500

5.  / 2100

6.  / 1700

4.  / 3500

5.  / 6600

6.  / 2200

p61~62

1. 3000, 4000, 5000 / 3000
2. 5000 / 1000
3. 4000, 5000 / 2000
4. 3000, 4000, 5000 / 2500
5. 4900, 5000 / 200
6. 3500, 4000, 5000 / 1600

p63~64

1. 2000   2. 4000
3. 1000   4. 2500
5. 3400   6. 2800

p67~68

1. 4000, 5000, 10000 / 7000
2. 8000, 9000, 10000 / 3000
3. 9000, 10000 / 2000
4. 9000, 10000 / 1500
5. 4900, 5000, 10000 / 5200
6. 8000, 9000, 10000 / 2100

p69~70

1. 8000   2. 5000
3. 9000   4. 2500
5. 7600   6. 900

1. 35000
2. 19000
3. 6500 = 6500
4. '아니요'에 ○표
5. (○)( )(○)
6. ( )(○)
7. 2, 0, 3, 1, 0
8. 1, 1, 1, 0, 0, 3
9. 2000
10. 2700
11. 1500
12. 3300

p65~66

1.  / 6000

2.  / 1000

3. / 4000